我的小问题·科学 Q 第二辑

生 命

［法］安热莉克·勒图兹 / 著

［法］德·西蒙·巴伊 / 绘

唐波 / 译

北京时代华文书局

什么是生命？

树木、花草、蘑菇……都不能移动，可是，它们是有生命的！

实际上它们也是在动的，只不过速度太慢了，以至于我们没有察觉到，比如花儿开放又闭合，茎秆转向有光的地方，根朝着有水和**矿物质**的地方生长。

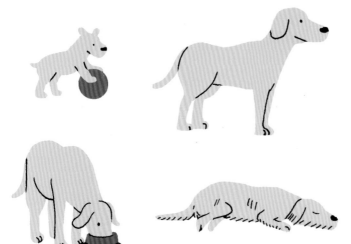

有时候很难判断一个东西是否有生命，最好的方法就是看它是否经历了出生、成长、进食、繁殖和死亡。如果完整地经历了这个过程，那么它就是有生命的！

有很多生物小到我们看不见，可是它们就在那里存在着，甚至对维持生态平衡非常重要。

浮游生物就属于这种情况，它们是一群生活在水里、体形微小的动物和植物。鲸鱼就是以浮游生物为食的。

小实验

猜一猜哪些是有生命的

找出图片中的生物

无生命的：哺乳动物火山、石头、海浪、机器人、香蕉

有生命的：树、藻类、狐猴、螃蟹、玫瑰

生命是怎么**出现**在地球上的？

起初，地球上没有任何生物。最简单的生物首先出现在水里，然后在水外生活的生物出现了。后来，就有了哺乳动物和鸟类。

今天，地球上居住着许多形状大小各不相同的**物种**，比如猴面包树、虞美人、红蚂蚁、蓝鲸、火烈鸟，还有人类。

科学家估计地球上存在着1 000万—1 亿种不同的物种！

细菌

古菌

真菌

生物学家根据物种之间的相同点和不同点将它们分为了很多类，比如**古菌**、**细菌**、真菌、植物和动物等。

动物

其他

人类属于**哺乳动物**，因为他们和所有哺乳动物一样，用母乳喂养孩子。鹿、猫、海豚也是哺乳动物。

植物

为什么蚊子会叮咬我们❓

为了获得食物，繁衍后代，各种生物之间有一种相互需要的关系。雌蚊子需要吸食人或动物的血液才能产卵。

食肉动物，比如鹰、猫，甚至鳟鱼，都需要吃其他的动物才能存活下来。而食草动物，比如奶牛，只吃植物。

很多植物需要鸟类帮它们传播种子。

而我们人类，需要**肠道**里、皮肤上和口腔中的细菌来帮助我们健康地活着。

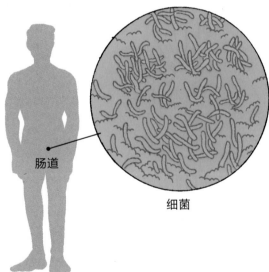

肠道

细菌

这些细菌也需要我们的身体。对于这些小生物来说，这可是个充满食物的舒适家园。

猛禽

生物互相为食，于是形成了**食物链**。

蛇

青蛙

毛毛虫

卷心菜

小实验

谁会吃掉谁？

将以下生物按照食物链的顺序排列好。

玫瑰吃小鸟，小鸟吃螳螂，螳螂吃瓢虫，瓢虫吃玫瑰。

叶子是有生命的吗 ❓

叶子就像我们的头发一样，是植物的一部分，但它本身并不是生物，离开了树枝，就无法生存。

如果树叶在秋天变颜色，那是因为寒冷破坏了使树叶呈现出绿色的**叶绿素**。没有了绿色，树叶中的其他颜色便会显现出来。

落叶树的叶子在冬天会掉落，这是为了减少蒸腾。没有了叶子，树木只能依靠**储存**在树干和树皮里的养料才能活下来。

如果你将常绿树（比如松树和柏树）与落叶树（比如橡树）的树叶进行比较，就会发现常绿树的树叶更加厚实，长得更牢固。

常绿树的叶子对寒冷不太敏感，只有在变老之后才会逐渐脱落，然后又会有新的叶子长出来。

细菌也会吃东西吗❓

细菌虽然没有嘴，但是也会吃东西！食物是通过细胞壁上的小孔进入它们体内的。

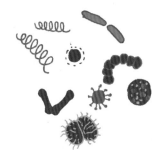

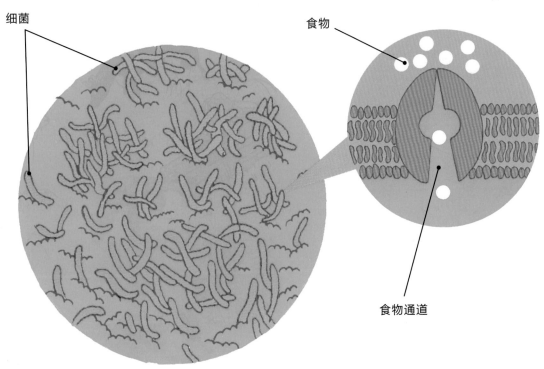

细菌

食物

食物通道

和所有生物一样，细菌要找到食物才能生存。正是因为有了这些食物，细菌才能产生维持生存的**能量**。

当细菌有了食物吃，再有一个喜欢的生活场所，就会大量繁殖。

如果食物很难闻，那可能是因为细菌在其中安了家，并在吃它时产生了一些难闻的气体。

每个物种都有自己喜欢的食物和生活场所，正是因为有了这些，它们才得以生存并繁衍后代。没有了其中的任何一项，物种都可能会灭绝。

比如，蓝丽天牛的幼虫以枯树为食。而今天，这种鞘翅目昆虫正濒临灭绝，因为人类为了使用木头而砍伐树木，森林里没有了衰老的树木，这些以蛀蚀枯木为生的天牛就失去了寄生地。

为什么天气寒冷时我们的身体还是很暖和？

人类、其他的哺乳动物和鸟类都是恒温动物：不管外面是冷是热，其身体的温度都能保持恒定。

人体的温度一般维持在 37 ℃左右，除非你发烧了。

恒温动物吃的食物能产生能量。当它们体内的**细胞**利用这些能量来维持身体运转时，会产生一些热量，从而使体温保持不变。

制作面包时，观察酵母产生的热量！

准备 1 袋面包酵母、500 克面粉、0.8 克食盐、350 毫升温水、1 个沙拉盆和 1 块布。

1. 在沙拉盆中，将酵母和面粉混合。然后加入盐，再加入温水。揉 10 分钟，形成一个面团。

2. 用浸湿的布盖住沙拉盆，然后将其放在阳光充足的地方。

3. 5 小时后，用手摸一摸沙拉盆：它比之前热一些了！这是因为酵母在"吃"面粉的过程中产生了一些热量，还产生了使面团膨胀的气体……

4. 在大人的帮助下，将你制作的面团放在烤盘上，并在上面划几个口子，然后在 220 ℃的温度下烤 45 分钟。当轻拍面包发出空心的声音时，就是烤好了！

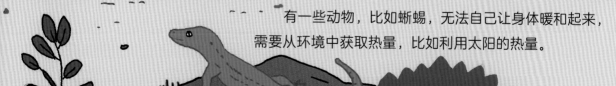

有一些动物，比如蜥蜴，无法自己让身体暖和起来，需要从环境中获取热量，比如利用太阳的热量。

叶子有什么作用❓

叶子能够利用阳光来制造糖！这是**光合作用**的主要产物。叶子吸收了水分和空气中的一种气体——**二氧化碳**，释放出另一种气体——**氧气**。

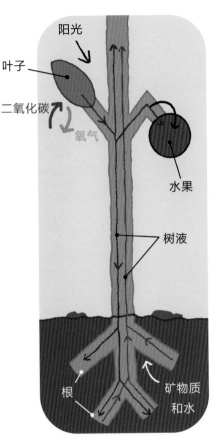

阳光

叶子

二氧化碳

氧气

水果

树液

根

矿物质和水

阳光

水

二氧化碳

氧气

矿物质和水

光合作用产生的糖大部分是**葡萄糖**。它是植物的**能量**来源，可以跟随树液流往植物的各个部位，让植物生长。

多余的糖以**淀粉**的形式储存在植物的叶子、树干、树皮、根部、种子、果实等部位里，也会**储存**在一些植物（比如土豆）的地下茎里。

晚上因为没有阳光，光合作用便停止了。这时候，植物会利用白天储存下来的淀粉继续获得能量。

小实验

有没有淀粉呢?

准备 1 片土豆、1 片生菜叶和一些碘液（淀粉遇碘会变成蓝紫色）。

在土豆片和生菜叶上分别滴几滴碘液。生菜叶上的碘液没有变化，但是土豆片上的碘液却变成了蓝紫色! 这很正常，因为土豆富含淀粉!

你还可以用芸豆或玉米粒来做同样的实验。

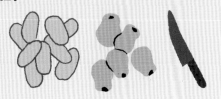

植物会呼吸吗?

植物既没有鼻子,也没有嘴巴和肺,但是它们和所有生物一样,也会**呼吸**。因为呼吸实质上是气体的交换。

所有植物都在一刻不停地呼吸着。

植物呼吸时,会吸入空气中的氧气,并释放出二氧化碳,这与光合作用正好是相反的!

这些气体一般是通过叶下表皮的小孔——**气孔**进出植物的。

气孔

在呼吸过程中，植物把光合作用产生的糖分解，从而释放一些能量。

如果没有氧气，大部分植物都无法产生能量！

但是糖和能量并不足以令植物存活，它们还需要其他**营养成分**，比如土壤中的矿物质。多亏了根部，植物能找到并**吸收**这些营养成分。

为什么我们吃的鸡蛋里面没有小鸡？

要想生出一个宝宝，必须要有一个雌**配子**和一个雄配子。动物的雌配子被称为**卵子**，雄配子被称为**精子**。当卵子和精子相遇，就会产生**合子**。

卵子　　　　精子　　　　合子

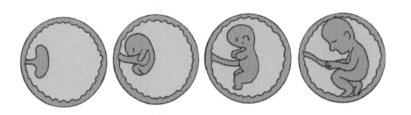

合子在细胞多次分裂后形成了**胚胎**，胚胎继续发育，当它开始显现出未来宝宝的样子时，**胎儿**就形成了。

鸡蛋里面含有培育鸡胚所需要的一切物质。但是，当鸡蛋形成时，如果公鸡没有带来它的雄配子，就不会有合子，那么，母鸡产下的蛋里面就只有一个卵子了。

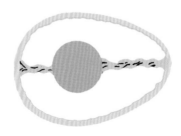

单独的卵子

鸡胚

产卵的动物是卵生动物，包括鸟类、鱼类、大多数昆虫等。

相反，那些在妈妈身体里长大的动物是胎生的，几乎所有哺乳动物都是胎生动物。

鸭嘴兽是罕见的卵生哺乳动物之一。虽然大多数爬行动物是卵生的，但是有些蜥蜴却是胎生的。

冬眠的刺猬还活着吗？

有一些动物，比如刺猬，会冬眠。它们在这段时间几乎不动，也不吃东西，体温很低，但是它们还活着！

冬天对于这些动物来说太冷了，而且很难找到食物。因此，它们会在冬天到来之前大量进食，储存一些脂肪。脂肪不仅是一种能量**储备**，也是一种**隔绝体**，能防止热量散失，帮助动物抵御寒冷。

冬眠的动物还会利用另一种极好的隔绝体——空气。比如，土拨鼠在秋天快结束时已经吃得圆滚滚了，身上不仅有了更多脂肪，也有了更多体毛，体毛能够锁住离它们身体最近的那一层空气。

在冬天，这些动物度过漫长睡眠时光的藏身之所也能抵御寒冷，比如枝叶下、岩穴里、地洞里。

山洞里

树洞里

甚至在淤泥里

种子是怎么长成猴面包树的❓

一颗非洲猴面包树的种子只有指甲盖那么大，但是，它却可以长成一棵高达 25 米、存活几百年的大树！

种子里浓缩着长成一棵树所需要的所有物质：树的胚胎和帮助它生长的淀粉储备。

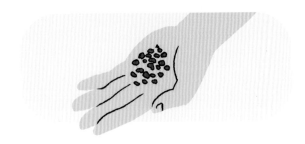

当种子处于适合发芽的环境时，会长出一个小小的根，即胚根，它会向下生长。

接下来长出的是一段小小的茎和一些叶子，这是子叶，会朝着天空生长。

这棵小植物在利用光合作用为自己制造食物以前，是从种子的淀粉储备中获取营养的。慢慢地，根、茎、叶越长越大，直到某一天长成一棵高大的猴面包树。

观察一颗种子的发芽过程

准备一些小扁豆、棉花、1 个小玻璃杯和一些水。

1. 将棉花稍微浸湿，放入玻璃杯中，紧贴杯壁放几颗小扁豆，以便更好地观察。

2. 将玻璃杯放在靠近窗户的地方，并让棉花始终保持湿润。

3. 几天后，种子便开始发芽了。

电脑病毒是有生命的吗 ❓

病毒是非常小的，比细菌还小。而细菌呢，比细胞要小……
那么细胞呢，如果没有显微镜的话，你根本看不到！

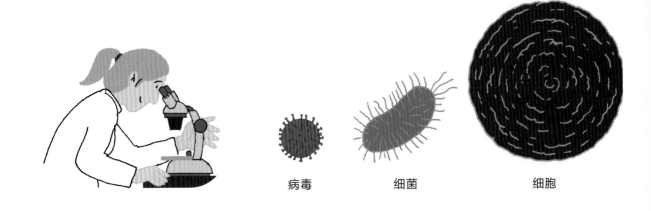

病毒   细菌   细胞

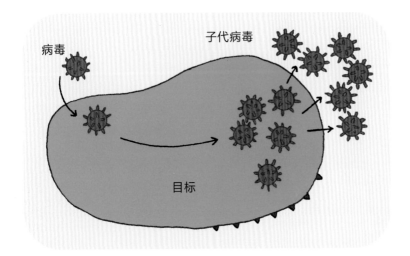

病毒会选择一个目标，进入其中并利用这个环境进行繁殖。它们的子代病毒从上一个环境中出来，去感染其他目标。

电脑病毒是人类制造出来的，没有生命，只能按照写入程序里的指令来行事，而不能像生物一样改变自己的行为。

在过去很长一段时间里，科学家们都在思索：病毒会将细胞感染，而它需要细胞才能繁殖，那么病毒是不是生物呢？病毒有点像植物的种子，在合适的生存条件下才能发芽。

我们可以用**抗生素**来治疗一些细菌引起的疾病。但是，对于病毒引起的感染，比如流行性感冒、水痘、麻疹，抗生素是没有任何作用的！

西红柿是如何长出来的 ?

西红柿和所有水果一样，开了花，果实便长出来了。

花粉中含有雄配子，位于雄性器官（雄蕊）上。雌配子则位于雌性器官（雌蕊）底部的**子房**里。

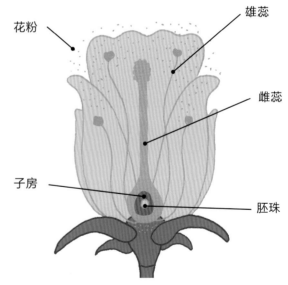

花粉

雄蕊

雌蕊

子房

胚珠

花粉穿过雌蕊到达有雌配子的子房，并释放出雄配子。每个雄配子与雌配子相遇后都会产生一颗种子。子房变厚，形成了果肉。

风和**传粉昆虫**会将花粉移动到同一朵花或者同一物种另一朵花的雌蕊上。

小实验

种子、果核和籽

在大人的帮助下，切开一个桃子和一个西红柿，进行比较。

桃核在果实里是单独存在的，它含有一颗种子，被壳很好地保护着。

西红柿里有着满满的籽——这是没有被硬壳保护的种子。

为什么小宝宝出生的时候会哭喊？

胎儿在妈妈的**子宫**里，就像在水里一样，被自己吸入的液体包围着，这种液体就是**羊水**。胎儿并不是用**肺**呼吸的，从**脐带**流过来的血液带来了他所需要的一切物质。

宝宝出生后，第一次呼吸时，肺里的液体流出来，肺被空气填满。体内的血液循环让他能够适应没有脐带的生活。

这一切都是从宝宝哭喊着并大口呼吸开始的。

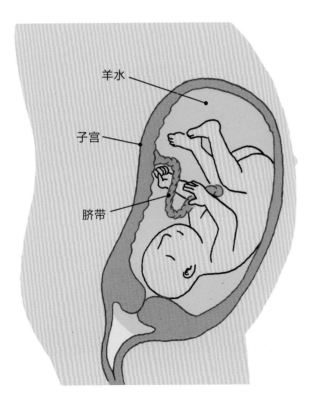

羊水

子宫

脐带

水里的空气

准备 1 个瓶子、1 根吸管、1 个小盆和一些水。

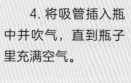

1. 将瓶子和小盆装满水。

2. 将瓶子盖住，倒着放入小盆中。

3. 瓶颈浸入水中后，打开瓶盖。

4. 将吸管插入瓶中并吹气，直到瓶子里充满空气。

多吹几次！这有点像刚出生的宝宝第一次呼吸时，他肺里发生的情况。

而且，从温暖的"**茧**"里出来，突然来到一个满是灯光与声音的地方，对于一个如此小的生命来说，变化实在是太大了。这儿有足够多的事情让他哭！

为什么我们会死？

所有的生物总有一天会死去……因为没有死亡就没有生命。当一个生命死去时，它的身体为许多物种（比如细菌、真菌和动物）提供了食物，使它们得以繁衍。我们将这些物种称为"分解者"。

分解者在食物链中是不可缺少的。举个例子，一棵死树会被分解者吃掉并消化，然后产生**粪便**，蚯蚓将其与泥土混合在一起。

总之，死去的树变成了土壤的一部分，而营养如此丰富的土壤为新植物的萌生提供了所需要的养料，由此开始了新的食物链。这就是生命的循环。

蚯蚓在哪儿?

下雨时观察泥土，如果你在土壤中看到一些又细又短的蛇形痕迹，是个好迹象！这是蚯蚓在挖掘地道时形成的。土里的蚯蚓越多，土壤就越透气、越充满生机。

关于生命的小词典

这两页内容向你解释了人们谈论生命时最常用到的词，便于你在家或学校听到这些词时，更好地理解它们。正文中的加粗词语在小词典中都能找到。

病毒： 大小只有人类细胞的 0.1% 的有机体，需要寄生在活细胞中才能繁殖。

哺乳动物： 用乳汁喂养孩子的脊椎动物。

肠道： 分为小肠和大肠。小肠连接着胃，吸收食物中的营养物质，并将食物转化为渣滓。

储备： 存货。

储存： 积累起来，放在一边备用。

传粉昆虫： 将花粉粒（含有雄性生殖细胞）带给花朵雌性生殖器官的昆虫。

淀粉： 植物制造出的一种糖，由葡萄糖分子组成。

二氧化碳： CO_2，生物呼吸时释放的一种气体。

肺： 脊椎动物的器官。空气和血液之间的气体交换便是在这个器官里进行的。

粪便： 生物排出体外的消化残渣。

浮游生物： 所有生活在水里的微小生物，会随着水流而浮动。

感染： 沾染了细菌、病毒、寄生虫等后，可能会让人生病。

隔绝体： 隔热体能够抵御寒冷或炎热。隔音体能够阻止声音穿过。

古菌： 单细胞微生物。古菌看起来和细菌很像，但是二者有很大的区别。

光合作用： 植物利用光能来制造糖的过程——它的进行得益于叶绿素。

合子： 雄性和雌性生殖细胞（配子）融合后形成的细胞。

呼吸： 生物进行气体交换的行为。

茧： 将一些昆虫幼虫包裹起来的外壳，也表示让人感到舒适的地方。

精子： 雄性生殖细胞，有着蝌蚪样子的细长尾巴，可以四处移动。

抗生素： 能杀死细菌或者阻止细菌繁殖的物质。

矿物质：岩石的组成成分。矿物质是没有生命的。

卵子：雌性生殖细胞。

目标：正在寻求的对象。

能量：能产生一些作用力的能力，比如光能、热能。

胚胎：器官和组织形成前的幼体。胎儿是由胚胎发育而来的。

配子：生殖细胞。

葡萄糖：一种糖。

脐带：连接胎儿和胎盘的一根管状组织，能给胎儿带来氧气和营养。

气孔：位于植物叶子等器官表皮的小孔，能让植物与空气进行气体交换。

食物链：由一系列植物和动物形成的食与被食的关系。

胎儿：重要的器官和组织已经形成，且在妈妈的子宫里成长的未出生的生命。

物种：彼此相似且可以相互交配的生物。

吸收：吸入某种物质，让其保留或者消失。

细胞：构成生物的微观结构。细菌只有一个细胞。

细菌：单细胞微生物，大小只有人类细胞的4%—20%。它们在地球上无处不在。

显微镜：能够观察到肉眼看不见的东西的工具。

羊水：胎儿在母体内成长期间，围绕着他、起保护作用的液体。

氧气：O_2，大部分生物维持生命所必需的气体。

叶绿素：绿色植物中含有的一种绿色色素，可以吸收光能。

营养成分：生物从外界吸取的维持生长发育的物质。

子房：产生雌性配子——卵子的器官。

子宫：女性生殖器官之一，位于骨盆中，胎儿就是在子宫中孕育的。

图书在版编目（CIP）数据

生命 / （法）安热莉克·勒图兹著；（法）德·西蒙·巴伊绘；唐波译 . — 北京 ：北京时代华文书局，2023.5

（我的小问题 . 科学 . 第二辑）

ISBN 978-7-5699-4977-3

Ⅰ . ①生… Ⅱ . ①安… ②德… ③唐… Ⅲ . ①生命科学 - 儿童读物 Ⅳ . ① Q1-0

中国国家版本馆 CIP 数据核字（2023）第 082126 号

Written by Angélique Le Touze, illustrated by Simon Bailly
La vie – Mes p'tites questions sciences © Éditions Milan, France, 2020

北京市版权著作权合同登记号 图字：01-2022-4656

本书中文简体字版由北京阿卡狄亚文化传播有限公司版权引进并授予北京时代华文书局有限公司在中华人民共和国出版发行。

拼音书名 | WO DE XIAO WENTI KEXUE DI-ER JI SHENGMING

出 版 人 | 陈 涛
选题策划 | 阿卡狄亚童书馆
策划编辑 | 许日春
责任编辑 | 石乃月
责任校对 | 张彦翔
特约编辑 | 周 艳 杨 颖
装帧设计 | 阿卡狄亚·戚少君
责任印制 | 訾 敬
出版发行 | 北京时代华文书局 http://www.bjsdsj.com.cn
　　　　　北京市东城区安定门外大街 138 号皇城国际大厦 A 座 8 层
　　　　　邮编：100011 电话：010 - 64263661 64261528
印　　刷 | 小森印刷（北京）有限公司 010 - 80215076
　　　　　（如发现印装质量问题影响阅读，请与阿卡狄亚童书馆联系调换。读者热线：010 – 87951023）
开　　本 | 787 mm×1194 mm　1/24　印 张 | 1.5
成品尺寸 | 188 mm×188 mm
字　　数 | 36 千字
版　　次 | 2023 年 8 月第 1 版
印　　次 | 2023 年 8 月第 1 次印刷
定　　价 | 98.00 元（全六册）